Philippe Naulet
Auteur du Petit Guide pratique pour faire travailler son argent.

Je me lance dans l'investissement boursier, Je bâtis ma stratégie, Je réussis

(Critères de choix, bases stratégiques à l'usage des débutants)

Edilivre

Cet ouvrage a été composé par Edilivre

194, avenue du Président Wilson – 93210 Saint-Denis
Tél. : 01 41 62 14 40 – Fax : 01 41 62 14 50
Mail : client@edilivre.com
www.edilivre.com

Imprimé en France
Texte intégral

Dépôt légal.

ISBN papier : 978-2-414-51848-7

Introduction

Dans un précédent ouvrage intitulé « Petit guide pratique pour faire travailler son argent », j'expliquais aux lecteurs comment placer leur épargne hors des différents produits bancaires (Livrets, Assurance vie,) dans deux secteurs qu'étaient les métaux précieux d'une part et la bourse d'autre part. Même si cette dernière fait peur à bon nombre d'investisseurs, elle reste cependant très rémunératrice. Il suffit juste de se former un minimum et de ne pas faire n'importe quoi. N'oublions pas que ce genre d'investissement se fait sur du long terme donc patience et prudence sont les maîtres mots.

Cette année aura été très particulière, pour le monde entier. Cette crise de la Covid-19 aura causé de nombreux dégâts tant sur le plan humanitaire que sur le plan économique. En effet, de nombreuses personnes, sont décédées des suites de cette maladie. C'est horrible. Je n'aurais jamais cru voir cela à notre époque. Sur le plan économique, le bilan est certes moins tragique mais reste tout de même catastrophique. Si l'on en croit certains spécialistes, les conséquences de cette pandémie seraient bien plus importantes que celles constatées après la crise économique de 2008. Nous pouvons déjà en constater quelques effets. De nombreuses entreprises sont au bord de la faillite, de nombreuses personnes ont été mises au chômage partiel. J'ai bien peur que plus on avance dans le temps, plus les conséquences de cette crise seront perceptibles.

Il n'y a qu'à regarder l'évolution de l'indice boursier français, j'ai nommé le CAC 40 pour se rendre compte de l'impact de la Covid-19 sur notre économie nationale. Ce dernier est passé de plus de 6 000 points en début d'année 2020 à 4 961 points à l'heure où j'écris ces lignes. Soit une chute de l'ordre de 17 % en moins d'un an. A titre de comparaison, le Dow Jones, indice américain est quant à lui passé de 28 868 à 28 390 points sur cette même période soit une chute de 2,7 %. Le Dax, l'indice allemand n'a chuté que de 6 % depuis le début d'année. Paradoxalement, le Nikkei, l'indice japonais est quant à lui passé de 23 204 points en début d'année 2020 à 24 325 ce jour soit une progression d'environ 5 %.

Je peux comprendre que les chiffres annoncés ci-dessus puissent inquiéter, surtout si vous aviez décidé d'investir en bourse il y a peu. Il est impossible de prévoir ce qui va se passer, en bourse peut être même plus qu'ailleurs. Cependant si j'écris ces quelques lignes aujourd'hui c'est surtout pour essayer de vous rassurer et de vous expliquer que tout n'est peut-être pas si noir que ça. Pourquoi ne pourrait-on pas « faire de bonnes affaires » malgré ce climat de peur et d'incertitude économique.

Dans cet ouvrage, j'ai décidé de vous expliquer mes critères de sélections pour réaliser sereinement l'achat d'actions. Je n'investis uniquement que dans des entreprises européennes. Je ne suis pas trader. Je suis juste un particulier qui cherche à placer des économies hors du système bancaire actuel pour essayer d'en tirer des profits plus intéressants. A titre d'exemple, lorsque le CAC 40 recule de 9,2 % entre novembre 2019, moment où j'ai ouvert mon PEA et commencé à investir, et aujourd'hui, mon portefeuille, si petit soit-il, affiche une plus-value de 11 %.

Alors oui ce n'est pas énorme j'en conviens, mais c'est toujours mieux que les rendements bancaires ou que la perte de valeur observée sur le CAC 40.

Je n'affirme rien, je ne fais qu'exposer ma stratégie. Je ne suis pas conseiller financier. Les avis exprimés n'engagent que moi et au regard de mes analyses ainsi qu'à la façon dont elles sont réalisées, vous restez les seuls maîtres de vos décisions.

Memento

Avant de rentrer dans le vif du sujet et voir comment sélectionner vos actions futures, prenons quelques minutes pour nous rappeler les lignes directrices de ce mode d'investissement qu'est la bourse. Cela vous permettra d'investir plus sereinement. Connaitre le monde dans lequel on cherche à évoluer est un atout majeur.

Premièrement, n'oubliez pas que **l'argent que vous investissez maintenant doit être de l'argent dont vous êtes certains de ne pas avoir besoin dans les cinq prochaines années** (rappel sur la fiscalité du PEA). On parle **d'investissement long terme**. Gardez de l'argent pour faire face aux différents imprévus de la vie courante puis investissez le reste.

Deuxièmement, il est important **d'avoir une stratégie d'investissement**. On ne peut pas investir comme ça au feeling. Nous en avons parler précédemment, le versement de dividendes fait partie de votre stratégie d'investissement mais ne doit pas être votre seule motivation. Si le cours d'une action ne fait que chuter pendant des mois et des mois, il est fort probable qu'à un moment le dividende soit fortement diminué voir même suspendu. Dans ce cas vous aurez tout perdu. Plus de rente annuelle et une perte colossale lorsque vous revendrez vos titres. Vos titres auront perdu une grande partie de leur valeur. C'est ce qui s'est passé avec Vallourec par exemple, le titre a très fortement chuté durant des années et par conséquent le dividende a suivi la même évolution. Pour éviter ce genre de désagrément il suffit d'utiliser ce que l'on appelle un « stop loss ». Cet outil vous permettra de déterminer un prix limite de vente. Regardons l'exemple ci-dessous avec une action que nous nommerons action A.

L'action A cote 100€ le jour où vous l'achetez. Vous déterminez ensuite un pourcentage de perte acceptable. Mettons 10 %. Si vous mettez votre stop loss à hauteur de 10 % cela veut dire que quand l'action A atteindra le cours de 90€, le titre sera automatiquement vendu.

Je vous conseille fortement d'utiliser ce genre d'outils, il vous évitera de perdre trop d'argent. Mieux vaut perdre 10 % que 70 ou 80 % de votre investissement. Un dicton persiste en bourse qui dit « Tant que ce n'est pas vendu ce n'est pas perdu ». Allez dire cela aux actionnaires de Vallourec qui ont acheté leurs titres lorsque ces derniers cotaient aux alentours des 3 300€ euros et dont la valeur oscille aujourd'hui autour des 16€.

Enfin le dernier point important est la **diversification**. J'aime à dire que diversifier c'est sécuriser. N'achetez pas uniquement des actions d'une seule et unique société. Diversifier vos titres en fonction des différents secteurs représentés. De cette façon, si un secteur s'affaiblit, comme ce fut le cas des sociétés bancaires durant la crise du Coronavirus, vous pourrez compter sur d'autres secteurs qui eux se renforceront, comme le secteur de l'industrie pharmaceutique, pour équilibrer votre portefeuille. Ainsi vos pertes seront beaucoup plus modestes. Autre élément important, il faudrait que chaque société présente dans votre portefeuille occupe le même pourcentage. Je m'explique. Si vous acheter Air liquide,

Danone et Bic par exemple, éviter d'avoir 50 % de votre investissement dans Air liquide, 30 % dans Danone et les 20 % restant chez Bic. Pourquoi me direz-vous ? Air liquide est une société très intéressante. Elle est en plein essor, surtout dans le domaine de l'écologie et plus particulièrement dans la production d'hydrogène. Vous avez entièrement raison mais imaginons qu'Air Liquide subisse, pour une raison encore inconnue, une forte baisse de valorisation. En ayant 50 % de votre investissement total dans cette société, ce dernier sera forcément impacté par cette perte même si les autres secteurs performent. C'est pour cette raison qu'il serait plus judicieux que ces trois entreprises représentent chacune 33 % de votre investissement total. De cette façon vous perdrez, là encore, moins d'argent en cas de coup dur de la bourse.

Dans « Petit guide pratique pour faire travailler son argent » je conseillais aux lecteurs d'investir en bourse en choisissant une action en fonction de l'intérêt et de l'expertise de l'entreprise, la capitalisation de cette dernière et enfin le dividende. Ces critères sont incontournables. Le plus souvent les grandes entreprises du CAC 40 répondent à tous ces critères. Je dis « souvent » car il se peut que certaines de ces sociétés ne versent pas de dividendes. Elles en ont le droit, je rappelle que le versement de dividende n'a rien d'obligatoire. Pour moi, une société qui ne verse pas de dividende n'est pas intéressante sur le long terme mais plutôt sur court et moyen terme. On peut parler d'achat spéculatif. Dans le cas d'une société ne versant pas, ou plus, de dividende comme Ubisoft par exemple, nos gains ne dépendent que de la variation du cours de cette dernière et rien d'autre. En cas de chute de ce dernier vous perdez de l'argent alors qu'avec le dividende même si l'action perd de sa valeur, vous pouvez tout de même vous assurer des gains. Ce n'est pas pour autant qu'il faut délaisser les entreprises sans versement de dividendes.

Etant donnée la crise que nous traversons actuellement, les différents critères qui seront cités ci-après seront à mettre entre parenthèses, si je puis dire, lors de l'étude globale des chiffres. Beaucoup d'entreprises verront un recul de leur chiffre d'affaire et donc de leur bénéfice net pour cette année 2020. De plus, à la suite de l'annonce faite par le gouvernement, certaines entreprises n'ont pas versé de dividendes alors qu'elles le faisaient habituellement. Ce n'est pas pour cela qu'elles ne seront pas intéressantes à acheter.

Revenons-en à nos critères de sélections. Trouver la liste des entreprises versant des dividendes c'est bien mais vous ne pourrez pas toutes les intégrer à votre portefeuille. Là commence votre vrai travail. Comment faire pour trouver les plus rentables par exemple ou les plus sûres économiquement parlant, c'est-à-dire celles qui, malgré la ou les prochaines crises qui peuvent potentiellement se présenter, ne verront pas leur cours chuter. Alors lesquelles vais-je intégrer à mon portefeuille maintenant, lesquelles vais-je surveiller pour un achat ultérieur.

Pour vous aider dans votre sélection, voici les différentes données que j'analyse afin de déterminer si oui ou non j'investirais dans telles ou telles entreprises. Premièrement, le chiffre d'affaire et le résultat net. Les deux sont liés. Ensuite, étudions le dividende. La valeur de ce dernier en fonction du prix de l'action. Ce n'est pas intéressant, financièrement parlant, d'acheter une action onéreuse si son dividende est faible. Toujours sur le dividende, nous étudierons sa longévité ainsi que son évolution. Enfin le dernier critère, le ratio d'endettement qui détermine, comme son nom l'indique, le pourcentage d'endettement d'une société.

Premiers critères donc, vous l'aurez compris, il s'agit du **chiffre d'affaire** et du **résultat net**. Je vous présente les deux en même temps car ils sont fortement liés. En effet, le résultat net d'une entreprise se calcule de la manière suivante :

Chiffre d'affaire – Dépenses* = Résultat net**

** **dépenses totales d'une entreprise, impôts compris***

*** **on parle de bénéfice net quand ce résultat est positif***

Ainsi une entreprise présentant un CA en évolution constante depuis plusieurs années est un signal positif. De même si ce dernier reste constant. En revanche s'il chute, c'est là qu'il faudra être plus rigoureux. En effet, si la tendance est baissière depuis plusieurs années, restez plutôt à l'écart. Même chose, si le CA a une évolution en dents de scies, attendez plutôt. En revanche, si la chute intervient à un moment précis, il vous faudra chercher la ou bien les raisons de cette diminution ponctuelle. Exemple : une crise sanitaire dans tout le pays comme c'est le cas en ce moment. De ce fait rien d'alarmant, tout le monde présentera un bilan 2020 en baisse par rapport aux autres années.

Voici des exemples fictifs montrant l'évolution d'un chiffre d'affaire en fonction des années, pour illustrer les propos ci-dessus. Dans chaque cas nous verrons si l'évolution peut amener à un achat de titre ou au contraire à laisser ce dernier de côté.

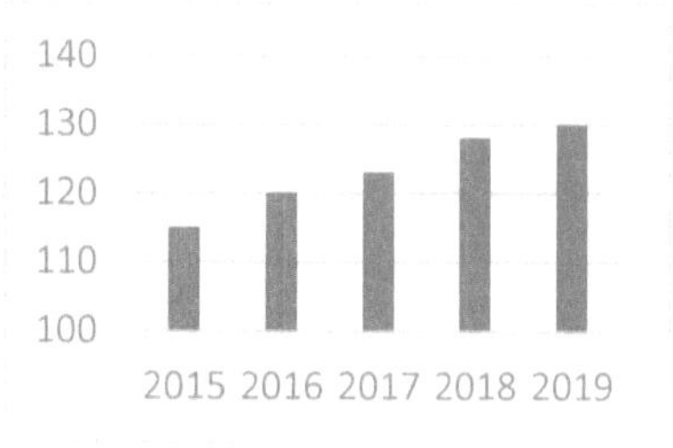

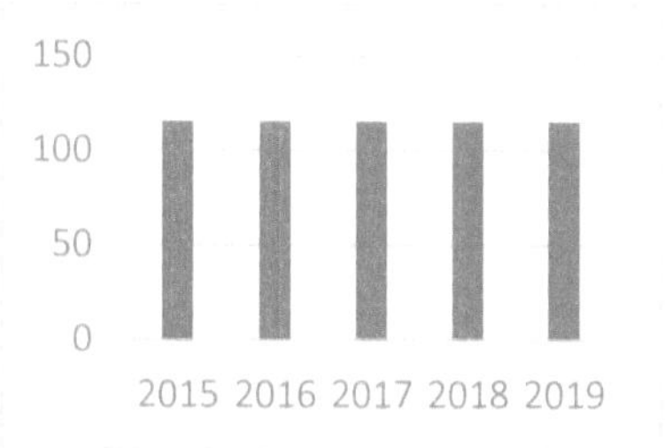

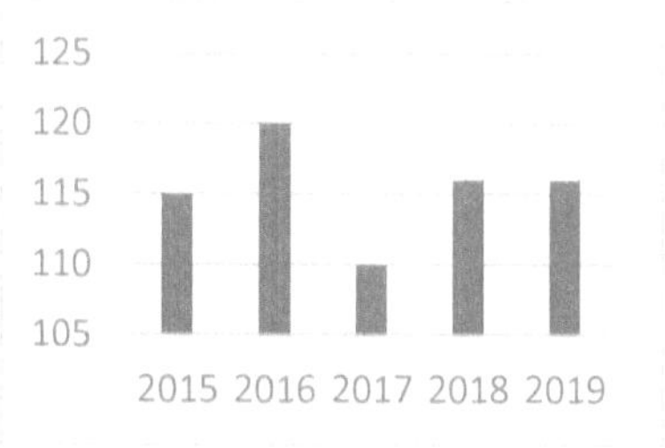

Le premier graphique, montre une évolution constante du chiffre d'affaire en fonction du temps. Ce critère est donc favorable pour un achat de titre.

Le second graphique quant à lui ne montre pas de croissance mais plutôt une régularité du chiffre d'affaire. Dans ce cas là, un achat de titre est aussi favorable.

Le troisème graphique demande plus d'analyse. En effet quatre phases differentes se dégagent. Une première montrant une belle croissance entre 2015 puis 2016. S'en suit une forte diminution en 2017 puis une croissance pour 2018 avec stabilté jusqu'en 2019. Malgré tout, la tendence générale reste haussière. Même si ce genre de graphique peut permettre un achat de titre, je vous conseillerais tout de même de vérifier les raisons de cette chute.

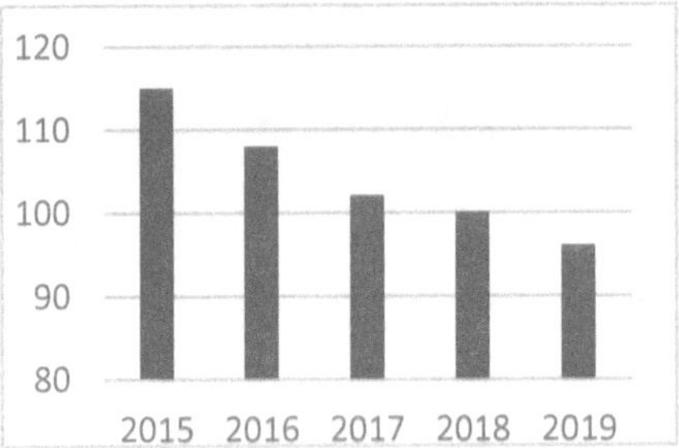

Un dernier graphique pour finir, montrant une évolution inquiètante du chiffre d'affaire. Vous comprendrez donc que dans ce cas là, un achat de titre est à proscrire.

Attention cependant à ne pas confondre chiffre d'affaire et bénéfice net. Je rappelle qu'on parle de bénéfice net uniquement si le résultat net est positif. Selon la formule ci-dessus, le bénéfice net dépend du chiffre d'affaire mais aussi des dépenses. C'est sur ce point que je veux insister. Un bénéfice net en diminution ne veut pas forcement dire que l'entreprise va mal. Au contraire. Prenons un exemple. Une entreprise qui fait le rachat d'une autre société verra ses dépenses augmenter. De ce fait le bénéfice net en sera impacté du fait de dépenses plus importantes. Ce qu'il faut à tout prix éviter c'est que le résultat net devienne négatif, dans ce cas on ne parle plus de bénéfice mais de déficit.

Vous pourrez voir sur les bilans d'une société, le terme de bénéfice net par action. Ce dernier correspond au ratio du bénéfice net par le nombre d'actions émises par l'entreprise.

Voilà comment je réalise une pré sélection des entreprises dans lesquelles je compte investir. Si je peux vous donner un petit conseil, faites-vous une liste avec, en premier lieu, toutes les entreprises dont l'évolution du chiffre d'affaire est en augmentation constante puis celles dont ce dernier reste constant. Ce n'est qu'en fin de liste qu'apparaitront les entreprises avec une évolution plus complexe si je puis dire. Vous trouverez facilement ces informations sur le site internet de l'entreprise que vous désirez acheter ainsi que sur d'autres sites internet liés à la bourse.

Autre élément important dans le choix d'une action, le montant du **dividende** versé en fonction du prix de l'action. Dans « Petit guide pratique pour faire travailler son argent » j'avais réalisé une étude de cas montrant l'importance de cet élément d'analyse avant d'acheter. En effet lorsqu'on investit avec une stratégie basée sur le dividende, on a souvent tendance à chercher les entreprises versant un dividende élevé en pensant qu'on gagnera beaucoup plus qu'en achetant des actions avec un dividende plus petit. C'est une grave erreur. Oui vous avez bien lu, c'est une erreur. Je vais vous démontrer ce que j'avance.

Dans la majeure partie des cas, qui dit dividende élevé sous-entend un prix d'achat du titre en conséquence. Ainsi pour quelqu'un qui débute, investir de cette façon aura de lourdes conséquences tant sur le plan économique que psychologie : Tout d'abord sur le plan économique. Vous devez savoir qu'en France les dividendes sont principalement versés une fois par an. Certaines entreprises versent un acompte puis le solde. A ma connaissance Total est à la seule entreprise française, à l'heure actuelle, à faire quatre versements par année. Prenons un exemple concret. Une entreprise que j'aime beaucoup et que je viens juste d'acquérir. Dassault Aviation. Cette entreprise verse, en temps normal, un dividende à hauteur de 25€ par actions. C'est exactement ce que je recherche me direz-vous. Attention. Sachez tout de même que le cours d'une action comme celle-ci est aux alentours des 800€. En faisant cela, dans vos débuts d'investisseurs, vous allez donc utiliser la majeure partie de votre épargne libre pour obtenir ce titre et vous n'aurez plus grand-chose pour diversifier votre portefeuille, ce qui est indispensable lorsqu'on investit en bourse. Ainsi en fin d'année vous pourrez vous vanter d'avoir reçu un énorme dividende de 25€. Seulement vous n'aurez que 25 € puisque vous n'aurez pas d'autres actions. De ce fait pour 800€ investi, vous toucherez 25€ soit un rendement de 3,13 % ce qui est loin d'être négligeable, comparé aux taux d'intérêts des produits bancaires actuels, mais c'est quand même peu. Du coup cela peut avoir un impact psychologique. Investir autant pour des résultats si modestes, on peut légitimement se poser la question savoir si l'investissement en bourse est rentable. Ma réponse est oui. Dans ce cas précis, l'erreur n'est pas imputable à l'activité boursière mais à votre démarche. En ciblant les gros dividendes tout de suite vous freinez vos éventuels futurs bénéfices.

Pour bien comprendre l'importance de ce comparatif entre dividende versé par rapport au prix de l'action, intéressons-nous à Total. Cette action cote environ 30€ et reverse un dividende de 2,7€ en plusieurs acomptes. Avec 800€, vous pourriez acheter 26 actions qui vous rapporteraient au bout d'une année, non pas 25€ mais 70€ soit environ trois fois plus.

Attention, je ne vous dis pas qu'il ne faut pas acheter du Dassault Aviation, ou autres titres de même valeur. Je dis simplement que pour débuter, mieux vaut acheter plusieurs actions peu onéreuses tel Total puis d'autres actions dans différents secteurs d'activité. Pour commencer, essayez d'investir dans cinq entreprises de secteurs d'activité différents. N'oubliez pas de diversifier. Rien ne vous empêchera de revenir vers des titres à gros dividendes lorsque vous aurez plus de liquidités par exemple. Soyez patients.

Pour rappel, le dividende est une somme d'argent versée par l'entreprise à ses actionnaires. Voici comment il se calcule.

Chiffre d'affaire - Dépenses = Bénéfice Net

↓ ↓

Dividendes ***Trésorerie***

Concrètement, lorsque qu'une société fait son bilan annuel, elle va calculer son bénéfice net. A partir de là plusieurs choix s'offrent à elle. En effet soit elle décide de ne pas verser de dividendes et dans ce cas elle garde la totalité de ce bénéfice comme trésorerie soit elle décide de redistribuer une partie de ce bénéfice net à ses actionnaires sous forme de dividendes et de conserver l'autre partie en trésorerie. Rappelez-vous : un dividende est toujours versé pour l'année n-1. Ainsi, étant en 2020, les dividendes que nous recevons cette année sont ceux basés sur le bilan financier de 2019. Le montant du dividende est proposé lors des assemblées générales.

Maintenant que nous connaissons l'origine du dividende, deux critères vont venir s'ajouter à notre liste d'éléments à analyser pour l'achat de titres. Je veux parler de l'historique du versement de dividendes (depuis combien de temps ce dernier est-il redistribué) et de l'évolution de ce dernier. Est-il plus important chaque année, identique ou inversement perd-t-il de sa valeur d'années en années.

Tout d'abord l'historique. C'est un critère de taille pour notre sélection d'entreprises. Cela inspire confiance au futur investisseur que vous êtes. En effet, une société qui verse un dividende en continu depuis 10,15 ou même 20 ans inspirera plus confiance qu'une entreprise qui en verse un depuis 3 ou 4 ans seulement. De même, une société versant un dividende de manière non continue sera sûrement délaissée au profit d'une autre entreprise avec un versement continu en fonction des années. Selon la formule que nous venons d'étudier précédemment, si le dividende est versé continuellement cela veut certainement dire que les résultats de cette société sont bons (CA en hausse par exemple) soit, en cas de résultats plus faibles, l'entreprise possède une trésorerie suffisamment importante pour gommer cette faiblesse et assurer quand même la redistribution du dividende pour satisfaire ses actionnaires. Cela pourrait indiquer une structure financière solide. Je dis bien « pourrait » car ce n'est pas tout à fait la réalité. Nous en reparlerons un peu plus tard.

Une fois l'historique du dividende étudié, intéressons-nous maintenant à l'évolution de ce dernier, cette évolution est-elle constante, croissante ou malheureusement décroissante. Je vous avais parlé d'une liste pour l'étude du chiffre d'affaire. Faites la même chose pour le dividende et regroupez ainsi les informations. N'oubliez pas que tout est lié, chiffre d'affaire, bénéfice net, dividende… Généralement si les deux premiers critères sont en évolution croissante, il y a de fortes chances pour que le dernier suive également le même mouvement haussier. Dans le cas contraire, si le dividende reste constant, rien d'alarmant, cela signifie que l'entreprise préfère augmenter sa trésorerie soit pour un achat de société dans le futur ou tout simplement pour se créer une réserve de liquidités plus importante qui pourrait être utilisée pour maintenir le versement du dividende en cas de résultats économiques moins performants. Cependant si la valeur du dividende chute d'année en année sans raison apparente (crise sanitaire par exemple) c'est à ce moment qu'il faudra se poser les bonnes questions.

Pour finir, je vous conseillerais d'analyser l'évolution de ces deux critères sur des années particulièrement difficiles. Je pense plus particulièrement à la crise économique de 2008 ou celle de 2010. Qu'a fait la société durant cette période. A-t-elle maintenu son dividende ? Si oui comment ce dernier a-t-il évolué par rapport aux années précédentes.

De mon point de vue, une entreprise qui aurait versé un dividende en 2009 (versement du dividende pour l'exercice de l'année précédente), est un signe de structure financière solide. On peut donc envisager un investissement au sein de cette dernière.

Tout parait simple mais il ne faut surtout pas négliger dans vos analyses un élément important : le **ratio d'endettement.** C'est très courant. La grande majorité des entreprises utilise ce système d'emprunt pour permettre la redistribution du dividende, augmenter leur trésorerie, ou l'achat d'éventuelles sociétés. Attention, cala ne veut pas dire que la société est au plus mal. Elles ont souvent recours à ce système, car en faisant cela elles bénéficient d'avantage fiscaux.

Alors qu'est-ce que le ratio d'endettement. Il se calcule selon la formule suivante :

Ratio d'endettement = Dettes ÷ Capitaux propres*

****Les capitaux propres correspondent aux ressources financières dont la société dispose.***

Il est fondamental de bien comprendre ce ratio d'endettement. Comment l'interpréter. Plus ce dernier sera faible, plus cela sera bénéfique. En effet, un ratio faible signifie que la société fonctionne plus en utilisant ses capitaux propres que les emprunts bancaires par exemple. A l'inverse, si ce quotient s'avère élevé cela peut signifier que malheureusement la société a un risque d'endettement important soit cette entreprise a eu recours à un emprunt pour d'importantes acquisitions. De manière générale, essayez de sélectionner des entreprises dont le ratio d'endettement ne dépasse pas les 50 %. Dans le cas contraire, cherchez à savoir pourquoi ce ratio est supérieur.

Je voudrais attirer votre attention sur un point important. Tous les critères que nous avons étudiés précédemment ne sont que des indicateurs. Vous devez garder une vue d'ensemble lors de vos analyses. Ce n'est pas parce qu'un des critères est bon que l'entreprise est intéressante pour un investissement. Une entreprise avec un ratio d'endettement faible est à éviter si toutes les autres données sont négatives. Conservez un esprit critique et de synthèse.

Afin de vous familiariser avec l'analyse de tous ces différents critères, voici une petite étude de cas faite avec trois sociétés différentes que sont ***Airbus, Air liquide et Sanofi.***

Pour cette analyse, les chiffres communiqués sont disponibles sur internet. Pour ma part j'utilise principalement deux sites internet, à savoir : **www.rendementbourse.com** ainsi que **www.abcbourse.com**. Bien évidemment de nombreux autres sites existent : **www.boursorama.com, www.stratégiebourse.com** etc. Vous pouvez aussi trouver ces informations sur le site des entreprises recherchées. L'avantage des deux premiers sites cités auparavant est qu'ils regroupent toutes ces données sur plusieurs années. Ainsi on peut avoir une vue d'ensemble plus rapidement. Je vous invite à faire votre propre sélection. Le premier site que j'utilise permet d'étudier l'évolution du dividende sur plusieurs années. Le second, quant à lui, regroupe les données financières comme l'évolution du chiffre d'affaire et du résultat net depuis au moins quatre ans ainsi que le ratio d'endettement.

Je vous ai regroupé toutes ces informations dans le tableau ci-dessous. L'année n'étant pas terminée, nous travaillons sur les chiffres de 2019 et des années précédentes.

	Airbus	Air Liquide	Sanofi
Cours	85,92 €	139 €	86,49 €
Ch. Affaire	Croissant	Croissant	Constant
Résultat net	Décroissant / négatif	Croissant	Constant
Dividende	1,80 €	4, 05 €	3,15 €
Evolution du Dividende	Croissant	Légèrement croissant	Croissan t
% d'endettement	13,92	70,92	27

Faisons un petit exercice. Prenez le temps d'analyser ces données et faites un classement de ces trois sociétés. A la première place, retenez celle pour laquelle vous seriez prêt à investir et à la dernière place l'entreprise que vous seriez prêt à délaisser pour une autre plus rentable. Essayez de jouer le jeu c'est important car après ce ne sera plus un jeu et vous aurez alors à décider seul de vos choix.

Voici mon classement et les raisons de ce dernier :

1 – ***Air liquide*** : Peut-être une surprise pour vous ? cependant Chiffre d'affaire et résultat net en constante évolution depuis 4 ans. Dividende important même si prix de l'action relativement élevé. Distribution du dividende continue. Evolution de ce dernier faible mais compensée par un dividende élevé. Seul point négatif le taux d'endettement à hauteur de 71 %. Cependant en cherchant un peu plus loin on apprend qu'en 2019, cette entreprise a acheté Tech Air (société américaine), Southern Industrial

Gas (Malaisie) ainsi qu'une participation à hauteur de 20 % dans une société canadienne Hydrogenics.

Profil d'une société qui génère des bénéfices et qui réinvestit. De plus Air liquide travaille sur la conception de l'hydrogène vert. Raison de plus pour investir dans cette société.

2 – ***Sanofi*** : chiffre d'affaire et résultat net constant. Un ratio dividende / prix de l'action plus qu'intéressant. Distribution du dividende en continue et valeur du dividende en augmentation. Enfin un ratio d'endettement relativement faible. Finalisation en début d'année du rachat de Synthrox (biotech américaine). Autre raison, le fait que ce secteur (pharmacie, parapharmacie) soit porteur surtout dans les temps actuels.

3 – ***Airbus :*** Sans surprise, je classe cette entreprise en dernière position pour une raison simple, le résultat net négatif malgré un chiffre d'affaire croissant. On parle donc de déficit et ce n'est jamais bon signe. Autre raison, la comparaison entre le dividende versé par rapport aux prix de l'action. Si l'on compare à Sanofi, pour un prix d'action identique, le dividende est deux fois plus faible pour Airbus. De plus, le confinement, obligeant les gens à rester chez eux, ne fera pas décoller l'affluence dans les aéroports. Bien au contraire.

Cela ne veut pas dire qu'Airbus ne doit pas apparaitre dans un portefeuille. Cette société serait plutôt dans le bas de ma liste de sélection pour le moment.

Rassurez-vous, il n'y a pas de bon ou mauvais classement. Un professionnel de la finance aura peut-être un classement différent du mien, tout comme vous d'ailleurs. Ce que je cherche à montrer à travers cette étude de cas, c'est la mise en place de votre raisonnement. Il est souhaitable que la majorité des entreprises du CAC 40 figurent dans un portefeuille boursier mais il va de soi que les moyens financiers de chacun obligent à faire des choix. A moins d'être immensément fortuné avant d'investir, vous devrez faire des choix. Vous ne pourrez pas toutes les posséder au début. N'achetez pas ce qu'on vous dit d'acheter. Investissez dans ce qui vous plait mais analysez, réfléchissez avant de vous lancer. Inutile de vous rappeler que c'est votre argent que vous investissez et pas celui d'un autre.

Il existe certainement de nombreux autres critères d'analyses financières que je ne connais peut-être pas. J'en conviens tout à fait. Peut-être même que ceux que j'utilise sont inintéressants pour certains. Là encore je peux l'admettre. Qui suis-je pour vous dire d'analyser tel ou tel critères, d'acheter cette action plutôt que celle-ci ? Si vous vous posez toutes ces questions, c'est que votre sens critique est bien développé. C'est une bonne chose, surtout lorsqu'on souhaite investir et quel que soit le domaine d'investissement.

Au début du livre, je me permettais de comparer l'évolution du CAC 40 depuis an et celle de mon portefeuille. Il est très facile d'annoncer des faits mais beaucoup moins de les prouver. Je n'ai pas de légitimité dans le milieu de l'investissement j'en suis conscient, mais ce que je peux vous apporter, c'est ce que j'ai mis en place pour moi. Ainsi en vous inspirant de mes analyses, cela pourra, je l'espère vraiment, vous conduire à la même réussite que moi.

Vous trouverez ci-dessous, un graphique issu du site Les Echos investir montrant l'évolution de l'indice CAC 40 depuis novembre 2019 à aujourd'hui le 13 novembre 2020.

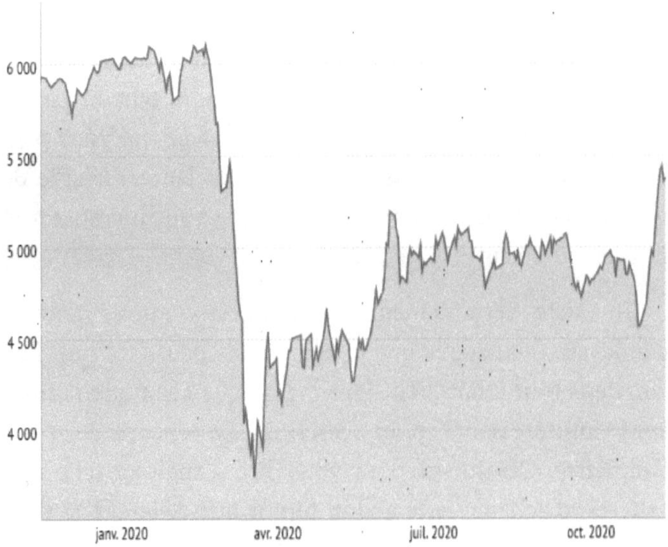

Au vu des données, issues de ce graphique, le CAC 40 atteignait les 5939,27 points en novembre dernier pour culminer aujourd'hui à 5380,16 points. Soit une perte d'environ 9,4 %.

Voici maintenant une copie d'écran issue du site internet de ma banque montrant l'évolution de mon portefeuille sur cette même période puisque je le rappelle, j'ai commencé à investir en bourse en novembre 2019. Pour des raisons de confidentialité que vous comprendrez aisément, j'ai volontairement masqué certaines données. Je tiens à préciser que le pourcentage exprimé ci-dessous ne prend en compte que la valeur du portefeuille. Les dividendes reçus n'interviennent pas dans le calcul.

SITUATION

Total valorisation	[redacted]
Total +/- value latente en EUR	[redacted]
Total +/- value latente en %	11.28 % ↑
Profil investisseur	3 Equilibré

Si je vous montre ces chiffres, ce n'est pas pour dire que je suis le meilleur et qu'il fallait faire comme moi. Loin de là. Je n'aurais pas cette prétention. En bourse, il y a tellement d'aléas qu'on ne peut pas prévoir l'évolution du cours d'une action. Cependant ce que je peux dire c'est qu'en utilisant les critères d'analyses que je vous ai présentés dans ce livre, j'ai pu sélectionner des entreprises qui m'ont permis d'atteindre ces progressions. En analysant les chiffres de ces entreprises, je savais que le cours de ces dernières n'allait pas s'envoler même en cas de progression majeure du CAC 40 mais je savais aussi qu'en cas de crise majeure, elles ne perdraient pas énormément de leur valeur.

Vous trouverez ci-dessous, la liste des actions qui sont dans mon portefeuille. Les values notées en vert sont positives tandis que celles notées en rouge sont négatives. Je rappelle que ce portefeuille a été créé en fonction de mon profil investisseur ainsi que de mes analyses. Il n'est pas à recopier. Il est juste là pour vous montrer qu'on peut réaliser de belles choses. Libre à vous d'investir dans les mêmes sociétés que moi mais rappelez-vous que vous investissez votre argent. Soyez responsables et prudents.

	Prix d'achat en €	Cours 13/11/20	+ /- Value en %
Air Liquide	126,06	139	10,27
Bic	41,39	49,9	20,57
Danone	55,73	54,38	2,42
Dassault Aviation	745,92	890,5	19,38
L'Oréal	279,58	314,2	12,38
LVMH	365,99	469,75	28,35
Pernod Ricard	135,78	158,75	16,92
Saint Gobain	37,46	39,42	5,22
Sanofi	86,01	85,8	0,24
Total	29,23	32,45	11,7
Vinci	75,81	85,74	13,09

De nombreux spécialistes annoncent une crise économique sans précédents. Selon la plupart d'entre eux, l'évolution des marchés financiers n'est pas en accord avec la réalité économique et investir en bourse serait la dernière chose à faire. Ont-ils raison ou tort ? Seul le temps pourra permettre de répondre à cette question.

Pour ma part, je ne partage pas leurs avis et je voudrais vous expliquez pourquoi. Rappelons-nous, d'une part, que les sommes investies sont des sommes dont nous n'avons pas besoin immédiatement et que, d'autre part, ces dernières sont bloquées pour une durée de cinq ans. Il est heureusement fort probable que cette crise sanitaire soit finie d'ici là et que l'on revienne donc à une certaine normalité d'un point de vue sanitaire mais aussi économique.

Cela ne veut pas dire, pour autant, qu'il faut tout acheter. Analysez et restez prudents, mais pourquoi ne pas utiliser cette chute des marchés pour investir dans des sociétés, qui jusqu'à maintenant, pouvaient être difficiles d'accès financièrement parlant. Obtenir des parts dans différentes sociétés est une bonne façon de soutenir ces entreprises dans cette période difficile.

De ce fait, pourquoi ne pas utiliser ce ralentissement pour justement commencer à acheter à moindre coût. C'est ce que nous allons voir avec les études de cas suivantes :

Figure 1 : Evolution du cours de l'action LVMH depuis novembre 2019 à aujourd'hui 13 novembre 2020.

Ce graphique, issu du site internet les Echos investir, illustre parfaitement ce que j'essaie de mettre en avant. En début d'année, le cours de l'action LVMH évoluait aux alentours des 419€ pour chuter à 293 € (niveau de la flèche rouge) pendant la crise soit une perte de l'ordre de 30 % de sa valeur. Imaginez que vous ayez acheté ce titre à ce moment-là, vous auriez fait aujourd'hui une plus-value d'environ 60 %.

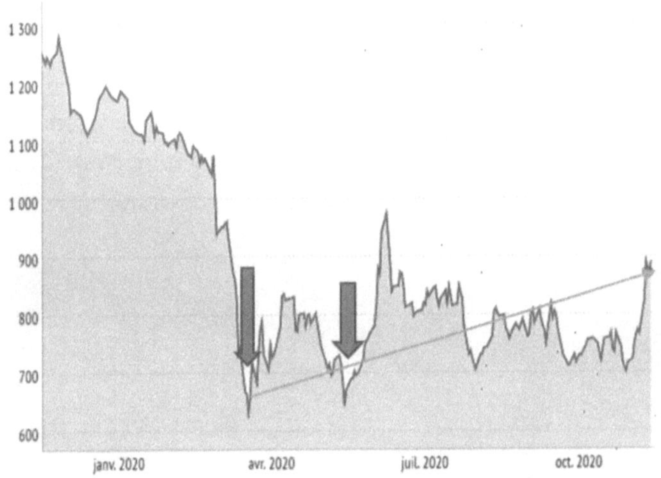

Figure 2 : Evolution du cours de l'action Dassault Aviation depuis novembre 2019 à aujourd'hui 13 novembre 2020.

Autre graphique, issu du site les Echos Investir, qui montre qu'un investissement lors de la crise vous aurait permis d'acheter le titre Dassault Aviation à 632€ au lieu de 1280 € en début d'année, soit une perte de valeur de l'ordre de 51 %. En achetant à ce moment précis, vous auriez réalisé aujourd'hui une plus-value de 41 %. Ainsi la valeur de votre action serait de 891€.

Ainsi, si l'on suit l'avis des spécialistes, nous devrions voir une nouvelle fois les cours chuter en cette fin d'année. La crise annoncée, pourrait donc être bénéfique pour vos achats d'actions. Pour ceux qui, comme moi, détiennent des actions depuis un an ou plus, cette chute des marchés pourrait vous permettre d'augmenter vos parts dans les sociétés à moindre coût. C'est ce que j'ai fait.

Reprenons l'exemple de LVMH. Si vous vous reportez au tableau page 29, vous verrez que mon prix d'achat est plus élevé que si j'avais acheté en pleine crise. Mauvais calcul me direz-vous. Ma réponse est non. Bien au contraire. Cette différence vient du fait que le prix d'achat indiqué dans le tableau est un prix moyen. Etant donné que je possédais déjà des titres l'année dernière, le prix d'achat était bien plus élevé mais en achetant pendant la crise, j'ai réussi à faire diminuer ce dernier et ainsi obtenir de belles plus-values.

Même si nous ne sommes pas des traders, essayons tout de même d'acheter à moindre frais dans la mesure du possible. Rien ne nous empêche d'attendre une légère diminution du cours de l'action ciblée avant de passer à l'achat.

Conclusion

La croissance des marchés aura été plus que tumultueuse cette année. Malgré tout, cela aura permis à certains d'acquérir certaines actions qui leur étaient jusque-là inaccessibles financièrement et ainsi pouvoir réaliser de belles plus-values.

J'ai écrit cet ouvrage en pensant, plus particulièrement, à celles et ceux qui se posaient des questions avant de se lancer. Je peux comprendre qu'avec les évènements actuels, ils puissent être effrayés. Cependant ce livre est là pour leur redonner espoir et surtout envie d'investir.

Dans ce livre, je vous présente différentes pistes à explorer dans le but de sélectionner au mieux vos éventuelles futures actions. Gardez un sens critique lors de vos analyses est primordial mais il y a une autre chose que j'ai apprise en investissant : écoutez aussi votre instinct et faites-vous confiance.

Si vous réussissez à bien doser votre sens critique et votre confiance en vous, tout ira pour le mieux. Ainsi vous pourrez vous servir d'une situation malheureuse à votre avantage.

J'espère sincèrement que vos investissements vous seront bénéfiques. Belle réussite à tous.

Sources bibliographiques

Variations indice CAC40. (s. d.). investir-lesechos.fr. Consulté le 13 novembre 2020, à l'adresse https://investir.lesechos.fr/cours/indice-cac-40,xpar,px1,fr0003500008, isin.html

LVMH. (s. d.). investir-lesechos.fr. Consulté le 13 novembre 2020, à l'adresse https://investir.lesechos.fr/cours/action-lvmh,xpar,mc,fr0000121014,isin.html

DASSAULT AVIATION. (s. d.). invest-lesechos.fr. Consulté le 13 novembre 2020, à l'adresse https://investir.lesechos.fr/cours/action-dassault-aviation,xpar,am, fr0000121725,isin.html

www.ingramcontent.com/pod-product-compliance
Lightning Source LLC
Chambersburg PA
CBHW031209051126
54315CB00091B/576